什么都没有

认识0

贺洁 薛晨◎著　王璐璐 哐当哐当工作室◎绘

数学的萌芽

北京科学技术出版社

　　明天是倒霉鼠的生日，他躺在床上翻过来，翻过去，怎么也睡不着！

　　大眼镜爸爸会不会忘记我的生日？小耳朵妈妈会准备很多巧克力饼干吗？想到巧克力饼干，倒霉鼠乐出了声。

　　此时，大眼镜爸爸和小耳朵妈妈正在讨论倒霉鼠过生日的事情。"倒霉鼠今年6岁了，我们送他什么礼物呢？"妈妈问。

　　大眼镜爸爸神秘地笑了笑，手指在空中画了一个圈。

　　夜深了，0点的钟声敲响，倒霉鼠和小耳朵妈妈都睡着了。只有大眼镜爸爸还醒着，眼睛瞪得像巧克力饼干那么圆！

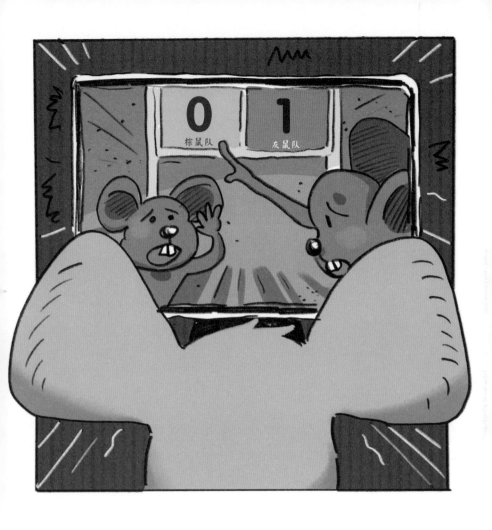

　　他正在看一场足球赛，他支持的灰鼠队刚刚进了一个球，1比0领先！棕鼠队的教练快要急疯了，"0"意味着他们队一个球也没进。

　　"巧克力饼干？巧克力饼干在哪儿？"一早醒来，倒霉鼠飞奔到餐桌前。好大好大的碗！里面一定有好多好多巧克力饼干！

又大又圆的碗看起来像个 0，可碗里一块饼干也没有。

　　倒霉鼠又想起前天他想买根棒棒糖，可谁料到口袋破了一个洞，一个圆圆的洞，像O一样。钱丢了！棒棒糖当然也没吃着……

　　倒霉鼠快要哭出来了！

　　家里的许多东西看起来都像0，仿佛都在告诉他："没有，什么也没有。"

　　"阿嚏！"收音机里正在播天气预报："今天的气温是0℃。"

　　大眼镜爸爸曾说过："气温在0℃以下时，水会结冰。等冰变厚的时候，爸爸带你去滑冰。"

　　这天放学后，倒霉鼠垂头丧气地走在路上，他觉得此刻天上圆圆的太阳和路上圆圆的井盖仿佛都在对他说："0！什么都没有！"

"咣当！""哎哟！"
突然，笨笨鼠穿着溜冰鞋冲过来，撞倒了倒霉鼠。

倒霉鼠的脑袋上立刻肿起一个大包。

倒霉鼠继续垂头丧气地往家走。

太阳落山了，气温更低了，倒霉鼠的心里凉凉的。

　　"过生日啦，小家伙！""我的儿子，你可回来了！""生日快乐！"房间里，爸爸妈妈和好朋友们都在等着他一起过生日！

机灵鼠凑了过来："倒霉鼠，这是我送给你的飞盘！"

　　小耳朵妈妈抱起倒霉鼠，说："这是送给你的望远镜，你之前不是说想看星星吗？"

　　"瞧,倒霉鼠,这是一把尺子。只要你把物品的一端对准 0 刻度线,就能测量出物品的长度了!"捣蛋鼠说。

"对准0刻度线，从0开始。"倒霉鼠觉得没那么倒霉了。

　　除了想到巧克力饼干……

　　"倒霉鼠，快来切蛋糕！"大家把倒霉鼠拉到桌前。蛋糕上插了一根数字蜡烛——"6"。

　　这时，不知道是谁找到了"0"，也要往蛋糕上插。

　　"6的后面加上0，就变成60了！0不只是什么都没有。"倒霉鼠赶忙喊道。

　　"没有巧克力饼干，有巧克力蛋糕也是好的……"倒霉鼠安慰自己。就在切开蛋糕的一刹那，倒霉鼠开心得眼泪都快流出来了！

蛋糕里面全都是巧克力饼干！据说有 100 块呢！
0，真是神奇啊！有时少得可怜，有时多得数不过来！

重要的0

什么都没有

0可以用来表示什么都没有。

碗里一块巧克力饼干都没有，0表示巧克力饼干的数量。

倒霉鼠的口袋里没有一分钱，没办法买棒棒糖，0表示钱数。

重要的0

0有非常重要的意义！

6变成了60

倒霉鼠的生日蛋糕上本来插着数字蜡烛"6"，如果在后面插上"0"，6就变成60了！

直尺上的0

在我们熟悉的直尺上，我们可以找到刻度0。这里的0是测量的起点。

0℃

温度计上的0刻度，表示气温是0℃。冬天气温为0℃左右时，你有什么感觉？

生活中还有哪些地方用到了0，哪些地方的0很重要？快去找找吧！